青春文庫

ひと目でわかる！

賢い犬の育て方
困った犬の育て方

藤井 聡

青春出版社

プロローグ 犬の気持ちを知れば納得！

困った犬に育つのはど〜れ？

犬好きのみなさんに質問です。

次の5枚のイラストの中に、「こうした対応を続けていると〝困った犬〟に育つ」というものが含まれています。

いったいどれだと思いますか？

1 散歩は毎日欠かさず、決まった時間に行く

2

部屋で自由に
放し飼いしている

3

無駄《むだ》吠えは、
なだめて
落ち着かせる

4

きちんと叱って
悪さを
やめさせる

5

かわいいので、
いつも見つめて
話しかけている

さて、答えは？

どれも犬思いの飼い主さんほどやっていることですが、実は、すべて困った行動を起こす犬になりがちな接し方、育て方なのです。

1 犬を飼うとなると、まずは「毎日の散歩が欠かせない」と考える人が多いようです。朝夕、決まった時間に犬を連れて散歩している飼い主さんの姿、よく目にしますね。

「散歩させないとストレスがたまるから」「その時間になると、吠《ほ》えてうるさいから」と言うんですが、本当は違うのです。後にもふれますが、習慣性の強い犬にとって同じ時間の散歩は「要求吠え」の原因に。規則正しく時間を決めて散歩しているからこそ、「散歩の時間」になるとそわそわし、「散歩はまだなの？　早く連れてってよ〜」というストレスを感じて吠える、というわけです。

さらに、毎度犬に吠えられ、催促《さいそく》されて散歩に行っていると、犬は**「吠えれば、**

飼い主さんは言うことをきいてくれるんだ」と学習します。

こうして〝よく吠える犬〟になってしまうのです。

2 家族の一員である愛犬を「狭いところに閉じ込めるのは、かわいそう。自由に遊ばせてあげたい」と思っていませんか。

しかし、なわばり意識が強い犬は、部屋の中で放し飼いにすると、部屋全体をなわばりとして認識します。**「広いなわばりを守らなきゃ」**と常に警戒《けいかい》本能を働かせ、神経を張り詰める結果となります。

トイレを覚えない、イタズラをする、留守番ができないという困った行動の原因の多くは、この放し飼いにあるってご存じでしたか？

犬の祖先はもともと横穴を住みかとし、居場所としていました。狭いところは大好きですし、逆に居場所を限定してあげたほうが落ち着いた性格になり、おだやかに過ごせるのです。

3　玄関先で吠え続ける犬に、「○○ちゃん、だいじょうぶよ」などと声をかけたり、体をなでて優しくなだめる飼い主さん、というのもよく見かけます。これで「なだめられる」というのは人間の感覚。犬からしてみれば、**「わっ、かまってくれた。よーし、もっと吠えよう」**と煽《あお》るだけ。前よりも**もっと激しく吠える**ようになるでしょう。

4　以上、見てきたように、犬は人の言葉の意味を理解しているわけではないので、人間vs犬のコミュニケーションは誤解だらけ。大声を出すと「応援してくれてるぞ」「注目された」と受け取ります。犬と目線を合わせる**「アイコンタクト」は、犬の社会では〝敵対〟や〝対決〟を意味します。**飼い主さんとの間に信頼関係ではなく敵対関係が生まれがちなんです。

さらに、叩いたり大きな音を立てて威嚇《いかく》する、罰を与えるなどの暴力的対応は逆効果。「あの人にひどいことされた」「こわかった」という恐怖心を与え、飼い主さんに対する不信感を募らせるだけで、なぜ、ひどいことをされたのかは残念ながら理解できないのです。

5 かわいい愛犬のしぐさをいつまでも見つめ続けたり、たくさん話しかけてしまいがちですが、ここでも〝犬社会の常識〟を知らなければなりません。

犬の社会では、周りから注目されるのはリーダー。群れの中で、下位の犬が上位の犬の動きをたえず見て、つき従うからです。優しく話しかけるのも同じです。犬目線で見ると自分に媚びているように見えてしまい、**「チヤホヤされるのはリーダーだからだ」**と誤解するんです。

いかがでしょうか。いわゆる「賢い犬」と「困った犬」の違い――それは、犬の生まれつきの資質などではなく、ふだんの飼い主さんの接し方にあった、ということがご理解いただけたかと思います。

もちろん、こうした接し方をふだんしているからといって、必ずしも困った犬になるとは限りません。子犬と成犬、老犬でも違いますし、犬種によっても基本的な性格の差はあります。

ただ、知ってほしいのは、今まで千頭以上の犬を見てきた私の知る限り、もともと頭の悪い犬、バカな犬、ダメな犬というのは一頭もいない、ということ。よく「近所のバカ犬に困っている」とか「うちの子、ダメ犬で」という言い方を聞くことがありますが、犬自身は何にも悪くないのです。接し方をちょっと変えれば、犬の態度もガラリと変わります。

犬の習性や優れた学習能力に即した飼い方、育て方に変えるだけで、誰でも「賢い犬」に育てることができるのです。

本書では、意外と知らない「賢い犬vs困った犬の育て方」をイラストで対比して紹介しました。

便宜《べんぎ》上、わかりやすいようにマル印（ＯＫ）とバツ印（ＮＧ）で表しましたが、愛犬の性格にあわせた柔軟な対応を心がけてください。また、飼い主さんとの信頼関係がちゃんと築けていれば、たとえバツ印の困った犬になる対応をしたって何の問題も起こらないでしょう。

この本が、もっと犬と仲良くなるため、もっともっと犬と幸せに暮らすための一助となれば幸いです。

藤井　聡

ひと目でわかる！　賢い犬の育て方　困った犬の育て方

目次

プロローグ　犬の気持ちを知れば納得！
困った犬に育つのはど～れ？……3

Part 1
どちらが犬から信頼される？
～人とワンコのいい関係の章～

〈伝え方①〉目を見て叱るvs犬のほうは一切見ない……22
〈伝え方②〉厳しく叱るvs声をかけずに無視……24

〈散歩タイム〉時間通りに行くvs違う時間にする……26
〈食事の時間〉急いでエサをあげるvs食事の時間をずらす……28
〈好き勝手に散歩〉力ずくで連れて行くvs飼い主さんが勝手に歩く……30
〈飛びつき〉お出迎えにこたえるvsくるっと「回れ右」……32
〈抱き方〉おなかを下にした抱っこvsおなかを上にした抱っこ……34
〈寝る場所〉同じベッドで寝るvs犬用のベッドかハウスで寝る……36
〈ソファを占領〉「どいて」と言ってどかすvsのったら「ずり落ち」作戦……38
〈そそう〉そそう跡に鼻を押しつけてしつけるvsこっそり始末して叱らない……40
〈食事の順番〉家族の食事の前にエサvs家族の食事の後にエサ……42
〈食事中近づくとうなる〉食べるのを邪魔されたら怒って当然
vs手でひと口ずつあげる……44
〈玄関から飛び出し〉玄関から出ないよう制止vs出ようとしたらドアを閉める……46
〈ハウス吠え〉大声で叱るvsハウスを傾ける天罰方式……48

〈来客吠え〉なだめるvsリードをキュッと引く天罰方式……50
〈留守中のイタズラ〉「ボロボロじゃないの」と騒ぐvsかじってもよい「ひとり遊びグッズ」を与える……52

Part 2

どちらが犬にとってストレス？ かわいそうなの？

～心地いい暮らしの章～

〈室内飼い〉部屋で自由に遊ばせるvsハウスで過ごす……60
〈飼う場所〉玄関先vs通行人や車が見えない場所……62
〈外飼い〉庭で放し飼いvs狭い囲いをつくる……64
〈トイレの場所〉サークル内vsハウスとトイレが離れた場所……66
〈留守番・外出時〉別れのあいさつをするvs何も言わずに出かける……68

〈留守番・帰宅時〉抱きしめるVS興奮が落ち着くまでかまわない……70
〈落ち着きがない〉散歩に連れ出すVS居場所を限定する……72
〈散歩とトイレ〉散歩中しかトイレをしないVS散歩に出なくてもトイレ……74
〈ハウスの大きさ〉狭いVS広い……76
〈お散歩グッズ〉首輪VS胴輪……78
〈車ののせ方〉席に座らせるVSクレートに入れる……80
〈エサの食べ残し〉別のフードに変えるVS食器を下げる……82
〈子犬の外出〉ワクチンが終わるまで外に出さないVS外に連れ出して、いろいろな人や動物に会わせる……84
〈ストレス発散〉ドッグランに連れて行くVS広い場所は不安……86
〈運動〉自転車で引いて散歩VS普通の散歩……88
〈音恐怖症〉抱きしめてなぐさめるVS音に慣れる練習をする……90

Part 3

どちらが犬に「大好き！」が伝わる？

～遊び方、上手なつきあい方の章～

〈かわいがり方①〉いつも見つめて話しかける vs あまり話しかけない……98
〈かわいがり方②〉こまめに遊ぶ vs タッチングなどでふれあう……100
〈タオルの引っ張り合い〉タオルをあげる vs 最後はタオルを取り上げる……102
〈ボールを離さない〉取りっこして取り上げる vs 「ごほうび作戦」……104
〈人のスリッパをおもちゃにする〉追いかけて取り返す vs リードをキュッ……106
〈顔なめ〉愛情表現なので好き放題 vs 顔の向きをかえて防止……108
〈車酔い〉背中を優しくなでる vs 徐々に車に慣れさせる……110
〈ハウス嫌い〉中に閉じ込めてハウスに慣れさせる vs ハウスの中で食事……112
〈散歩嫌い〉抱っこで外へ vs 「散歩に出るといいことがあるぞ」作戦……114

Part 4

もともと頭が悪い犬はいない！ どうすれば賢くなる？

～トラブル解決の章～

〈マーキング〉犬の本能だからしかたない vs マーキングはさせない……122
〈拾い食い〉食べる前に先回り vs さっと方向転換して拾い食い防止……124
〈散歩中の追いかけ〉リードを引っ張って止める vs リードでロック……126
〈散歩前に大はしゃぎ〉急いでリードをつける vs 落ち着くまでリードをつけない……128
〈首輪嫌い〉食べているすきにつける vs 首輪に頭を入れる「ごほうび作戦」……130
〈ほかの犬と仲良くできない〉同じ散歩コースを慣れさせる vs 散歩コースを変える……132
〈子ども嫌い〉子どもを避ける vs 見せるだけでいい……134
〈呼んでも戻ってこない〉名前を呼びながら追いかける vs 伸びるリード作戦……136
〈玄関吠え〉よしよしと落ち着かせる vs 玄関マット作戦……138
〈電話吠え〉「シー」と怒る vs ペットボトル作戦……140

〈甘噛み〉背中をたたいてメッvs耳に息を吹きかける……142
〈子どものお菓子を奪う〉大人が奪い返すvs子どもを先頭にして散歩……144
〈ゴミ箱あさり〉現行犯で叱るvsゴミ箱を隔離しておもちゃを与える……146
〈つまみ食い〉やらなくなるまで何度でも叱るvs天罰方式で学ばせる……148
〈うれション〉「わっ」と大げさに騒ぐvs黙って掃除……150
〈トイレを覚えない〉トイレシーツにオシッコの臭いをつけるvsトイレは清潔に……152
〈食糞《しょくふん》〉大声で騒いでしまうvsすぐに片づけて食べるのを予防……154
〈お手入れをいやがる〉プロ任せvs体の先端スキンシップ……156
〈2匹の仲が悪い〉新しい犬をかまうvs先住犬を優先する……158

巻末付録

カリスマ訓練士の特別授業
～基本の3大しつけとトレーニング～

基本の3大しつけ① リーダーウォーク……162
基本の3大しつけ② ホールドスティル&マズルコントロール……164
基本の3大しつけ③ タッチング……166
基本トレーニング スワレ・フセ・マテ・コイ……168

カリスマ訓練士のワンポイントメッセージ

①本当の犬のしつけとは「人と犬の幸せな関係づくり」なんです……54
②無駄吠え、イタズラ、トイレ問題…それは「犬の習性」ではありません……92
③賢く育てる決め手は、「叱る」のではなく、「犬自身に考えさせる」こと！……116

カバー・本文イラスト　あきんこ
本文デザイン・ＤＴＰ　リクリデザインワークス
編集協力　伊藤叶

Part 1

どちらが犬から信頼される？

～人とワンコのいい関係の章～

どう伝えれば、わかってくれる？

よくある叱り方がこれ。「ダメって言っているでしょう？」と、しっかり目と目と合わせ、説得するように伝える。愛犬との信頼関係を壊さずに犬にわかってもらえる叱り方、知っていますか。

ゆるめてから引くのがコツ。グイッとやってはいけません）。これを繰り返すこと数分。「吠えたり暴《あば》れたりすると、イヤなこと（首への不快感）が起きる」と理解した犬は、すっかり変身。足もとで静かにじっと座っていました。人をリーダーとして信頼するようになったのです！

犬のホンネ

目を見て叱られると、飼い主さんはイヤなことするなって思うワン

犬のほうは一切《いっさい》見ない。リードさばきで考えさせる

「目線を合わせる」のは、犬の世界では「対決」を意味して逆効果。私は以前、テレビの取材で吠え続けるプードルのお宅にお邪魔したことがあります。私はその犬のリードをもってソファに座り、飼い主さんと普通におしゃべりしました。キャンキャン吠える犬がソファにのぼろうとしたら、素知らぬ顔をしてリードを真上にキュッと引きます（リードはいったん

厳しく叱るのも愛情でしょうか

叱り方をもうひとつ。噛《か》もうとしたりして、何か悪いことをしたときに、あなたならどうしますか？　厳しく叱る？　それとも……。

厳しく叱る

しいので逆効果！　反対に、黙《だま》って無視したほうが犬にはこたえます。群れで行動する犬にとって、仲間から無視されるのが何よりつらいことだからです。

犬のホンネ

黙って無視されるほうがこたえるよ、反省するよ

声をかけずに無視

悪いことをしたときに、厳しく叱ることをしつけだと考える飼い主さんは多いようです。言うことをきかないからといって、ぶったり、ぶつしぐさなどをすると、一時的に言うことをきいても、「こわい」から聞いただけ。飼い主さんに不信感を抱いたり、おびえるようになります。「こら！」「ダメ！」と大声で叱っても、犬は飼い主さんに注目を浴びるのがうれ

〝散歩タイム〟を静かに待てるようにするには

「散歩の時間だよ！」「早く連れていけ！」とキャンキャン！　お散歩を催促する鳴き声は、近所迷惑で本当に困ります。静かに待てるおりこう犬にする方法は？

時間通りに散歩に行くことで安心させる

りません。犬はバラバラであたり前（“定型ではない”）と理解するので、催促吠えもしなくなります。

犬のホンネ

散歩タイムが決まっているから、少しでも遅れると「まだなの？」って不安になるんだ

あえて日によって違う時間にする

毎回同じ時間（“定型”）だと、犬はその時間を覚えてしまい、「散歩はまだなの？」「なぜ今日だけ遅いの？」と犬は不安感を募らせます。だから鳴くのです。かといって、時間通りに犬に催促《さいそく》されて行くのでは、主従逆転。飼い主さんの都合のいい時間に「一緒に来る？」と散歩を誘うようなスタンスでいたほうが犬は喜びますし、「散歩タイムのストレス」もかか

食事の時間になると吠えるのはなぜ?

「ごはん！　ごはん！」とばかりに食事の催促で吠えるのはお腹がすいているから!?　早くあげたほうが吠えなくなる？　それとも……。

急いでエサをあげる

必要はありませんし、何かの都合で食事が遅れたりしても、犬はストレスを感じないですみます。

犬のホンネ

吠えたらご飯を出してくれるから、催促吠えするんだ

食事の時間をずらす

犬の散歩タイム同様、いつも「決まった時間」にエサを与えていると、食事の時間が近づいたら“催促吠え”をするようになります。このとき「おなかをすかせてるんだ、かわいそう」などと思い、急いでエサを与えると、「吠えて催促したらご飯をもらえた」と犬は学習してしまうので要注意。時間を決めずに、毎日1～2時間ずらしてあげる。そのほうが催促する

どうして好き勝手に散歩するの

犬にぐいぐいリードを引っ張られている散歩風景、よく見かけませんか。どうしたら、まっすぐ歩いてくれるのでしょうか。

「そっちじゃないよ、こっちだよ」と力ずくで連れて行く
グイグイ

飼い主さんが犬に「私がリーダーです」と伝える基本の方法（詳しいやり方は162ページ）。リーダーウォークで他の問題行動が一掃するケースも多い優れものです。

犬のホンネ

前に歩くあなたがリーダーなんだね

飼い主さんのほうが勝手に歩く

リードを引っ張ると、力比べになってかえって抵抗《ていこう》されます。まるでリードの綱引き状態。自分勝手に歩く犬には自分勝手に歩くこと！　やり方はカンタン。犬が前に出ようとしたら、方向を変えるだけ。「飼い主さんの前に出るからぶつかるんだ」と犬が学習すれば、前に出ないほうがいいと考えます。ちなみに、このやり方は「リーダーウォーク」と呼ばれ、

飛びついてお出迎えしてきたら…

帰宅したとき、愛犬がしっぽを振りながら飛びついてくる。あなたは、こんな愛犬に対してどう対応していますか？

イイコイイコしたりして犬の愛情にこたえる

て飛びつきを面と向かってやめさせたり罰を与える方法は「対決」姿勢になるので危険です。飛びついてきたら、無言でくるっと背中を向け、飛びつきができないようにして無視します。

犬のホンネ

あらっ、飛びつけないから、
飛びつくクセはなくなったよ

くるっと「回れ右」して飛びつき防止

しっぽを振っているかわいい姿に、「そんなに私に会えてうれしいの」と喜んでいるのは人間だけ。飛びつきは、犬の支配欲を育ててしまいます。また、かわいらしいからと、飛びついてくる犬にこたえていると、飼い主さんがいるときといないときで犬の精神状態がアップダウン。飼い主さんがいないときに分離不安を感じるようになってしまいます。かといっ

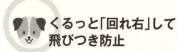

将来いいコに育つ抱き方とは

ふだんどんな犬の抱っこの仕方をしていますか？　この抱き方ひとつで、将来の犬の性格が１８０度変わるんです。

からこそ。よく「抱きグセがつくと甘やかしになる」といわれますが、赤ちゃん抱っこなら、いくら抱きグセがついてもかまいません。なお、この時期の子犬は盛んに甘噛みをしますが、すかさず、くるんとおなかを上にして赤ちゃん抱っこ。この無防備な状態でおなかをたくさんさわるといいでしょう。

犬のホンネ

頼れるリーダーには、おなかをさらけ出してリラックスできるんだ

おなかを上にした赤ちゃん抱っこ

おなかを下にした抱き方で犬の背中をなでている人をよく見かけますが、この抱っこをいつもしていると、飼い主さんの言うことを素直にきかない天狗《てんぐ》犬に！　一方、おなかを見せるあお向け姿勢は服従のポーズ。抱っこするほど素直な犬に育ちます。おなかをさらけ出してもリラックスして安心してまかせきっていられるのは、飼い主さんへの絶大な信頼がある

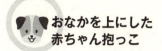

寝る場所はどこ？

犬は家族の一員だから同じ部屋で寝たい。では、さらに幸せな犬と飼い主になるためには、犬はどこで寝かせればいいでしょう。

同じベッドで寝る

でも犬は飼い主さんより低い位置を定位置にして。なお、きっちり主従関係が築けていれば、添い寝をしても問題ありません。

犬のホンネ

ふふ、同じ高さにいるってことは
対等な関係ってことね

犬用のベッドかハウスで寝る

寝る場所よりも、実は、人は上、犬は下という「位置関係」が大切です。同じベッドで寝るということは、人と同じ高さで眠ること。すると、犬との上下関係があいまいになってしまいます。犬にはヨコの関係、つまり“同等”という感覚はありません。明日もよい関係性でいるために、眠るときには犬を下にしてあげてください。また、ベッドに限らず、ソファ

ソファやベッドの上からどいてくれないとき、どうする？

居心地がいいのかソファや椅子、ベッドの上に居座《いすわ》り、「絶対どかないぞ」とばかりに占有権を主張する愛犬。さて、あなたなら、どうしますか？

「どいて」と言ってどかす

りして声をかけないのがコツ）。犬が自分からのらないことを学習させます。そもそも、ソファやベッド、椅子の上にいることは、人と同じ位置にいるということ。飼い主さんの言うことをちゃんと聞く犬なら問題ありませんが、主従関係に影響しやすいため勝手にのらないようにしたほうがいいでしょう。

犬のホンネ

のぼろうとしたら天罰が下るから、
のるのはやめようっと

のったら「ずり落ち」作戦

犬がボス化している場合、飼い主さんがどかそうとすると、うなったり噛んだりすることも。「ごめんね～」などと下手にでていると、犬は媚《こ》び行動と受け取ります。ここは天罰方式で。上に１枚布をかけておいて、のった瞬間ずるっとずり落ちるようにする（ソファの敷物にひもをつけておいて、さっと引いてずり落とすしかけでもＯＫ。飼い主さんは知らんぷ

カーペットにオシッコをしてしまったら…

「そこはトイレじゃないよ～」。犬に人と同じように教えても、トイレの場所を覚えないのは当たり前。さあ、ここで問題がこじれるかどうかは飼い主さん次第。間違った対応はことを長引かせます。

「ここでしてはいけない」と鼻をおしつけてしつける

で、決して叱りません。犬には「ここでしなさい」と教えるより「排泄管理《はいせつ》」を。放し飼いをやめて、通常ハウス（犬の居場所）に入れておいて、起床後・遊んだあとなどにハウスから出し、トイレスペース（サークル）に移動させるだけ。サークル内で動くと自然にそこで排泄《はいせつ》したくなります。

犬のホンネ

「ここでしちゃダメ」は「オシッコしちゃダメ」だと思うんだワン

飼い主がこっそり始末して叱らない

「そそうをしたら、現行犯で叱る。犬の鼻面《はなづら》を押しつけて臭いをかがせて、じゅうたんや畳の上でオシッコするのはいけないことだと反省させる」。この方法はいかにも正しいやり方のようですが、犬は「ここでしちゃいけないんだ」ではなく、「オシッコしたら怒られる」と誤解します。はたして、オシッコをがまん。賢い飼い主さんは、そっとあと始末をするだけ

？ 犬の食事を先にすませてＯＫ？

たいていの飼い主さんは、先に犬にエサをあたえているようです。おなかをすかせたらかわいそうだし、サッサと先にあげたほうが騒ぐこともないので家族が落ち着いて食べられるし……。賢い犬に育てるなら、どちらが正解？

家族の食事の前にエサをあげる

あげたほうがいいでしょう。「鳴き声がうるさいから、つい先にあげてしまう」という人は要注意。知らず知らずのうちに、犬は「吠えれば、要求にこたえてくれる」と思うようになります。

犬のホンネ

先に食事できるのは、ボクのほうがエライからでしょ？ 違う？

家族の食事の後《あと》に エサをあげる

野生の犬は集団で狩りをしますが、捕えた獲物をまず口にするのは、群れのボス。ボスが満足して許しを出したら、順列別にエサにありつけます。ということは、家庭という群れのなかで最初にエサを与えられた犬は、「ボクのほうがエライ！」と勘違い。それでは、飼い主をリーダーとした主従関係は築けませんね。よって、家族が食べ終わってから、犬に食事を

食事中に近づくと、うなるとき

食事中に近づくと、「食べているのを邪魔するな！」とばかりに歯をむき出してうなる。手を出すと噛みつくことも……。そんなとき、どうしてる？

食べているのを邪魔されたら、犬も怒って当然、とあやまる

犬の問題行動をやめさせたいときに効果的な食事法で、噛みグセなども、この方法で一発でなおります。

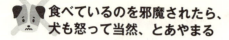

犬のホンネ

エサをくれる飼い主さんに、もううなったり噛《か》んだりしないよ

食事を手でひと口ずつあげる

犬を擬人化するのは間違いのもと。食事中に近づくとうなったりするのは権勢《けんせい》本能が強くなっている（ボス化）証拠。噛んだりしたら、小さな子どもがいる家庭では危険です。エサを手に乗せ､犬を座らせて「マテ」。「ヨシ」で一口ずつ直接手から食べさせる。この「ひと口食事法」を繰り返すことで、エサは人からもらうものだと学習するでしょう。主従逆転した

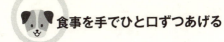

犬の玄関飛び出し注意！

ドアを開けると、真っ先に飛び出す。散歩がうれしい気持ちはわかるけれど、玄関や門の外へ急に飛び出すと危険です。どうしたら、落ち着いて玄関で待てる犬になる？

玄関から出ないよう力で制止

としたらバタン！　繰り返すうち、犬が「先に出るから玄関から出られないのだ」と学習すれば、ドアが開いても飛び出すのはやめようと考えるようになります。

犬のホンネ

先に出るから外に出られないんだ。もう飛び出すのはやめようっと

犬が出ようとしたら ドアを閉める、を繰り返す

まず、自分が先に出ようとするのは、群れのリーダーになっている証拠。どんなときでも､「人が先」を習慣にすることが大切です。ここで、力で制止しようとすると、引っ張り合いになって抵抗されます。犬に自分で考えさせるには「出ようとしたらドアを閉める」。ただそれだけ。ドアが開いて、飛び出そうとしたらバタンと閉まる、またドアが開いて飛び出そう

ハウスの中で吠えるのをやめさせるには？

ハウスから「出して出して」とばかりに、キャンキャンキャンキャン！
どうしたら犬は吠えるのをやめる？

大声で叱る

なります。もう一つ、前項の「犬が外に出ようとしたら、ドアを閉める」方法と同様に、「ハウスのドアを開け、出ようとしたら閉める」を繰り返すのも効果的です。

犬のホンネ

大声で叱られると、
かまってくれたと受け取るよ

ハウスを傾《かたむ》ける天罰方式

ハウスから出してほしい、かまってほしいという要求吠えです。大声で叱ると、注目が浴びるのがうれしいので逆効果。犬が静かになるまで無視するか、次の天罰《てんばつ》方式で。犬が吠えたら、ハウスを後方から前方へ傾ける。すると、おっとっとと、不安定になるので吠えるのをやめる。「吠えたらビックリすることが起きた！」という経験を繰り返し、もう吠えなく

お客さんに吠えるときの対処法

お客様が来るたび、大興奮して吠え続ける愛犬。お客様には申し訳ないし、うるさくて、ゆっくり話もできないし……。

「静かにして〜。こらこら」と犬をなだめる

て吠えるのは犬の本能的な行動。来客時にはハウスに入れておく習慣をつけるのがベストでしょう。

犬のホンネ

なだめられると、よけいに興奮しちゃうよ

リードをキュッと引く天罰方式

声を出してなだめようとしても、煽《あお》るだけ！　ますます興奮して激しく吠えてしまいます。吠えたら、素知らぬ顔をしてリードを真上にキュッと引いて、間接的に不快なことを起こすと……？　犬は天罰を受けたかのような気持ちになって、「吠えると不快なことが起こる」と学習するのです。

そもそも自分の領域に入ってくる侵入者に対し

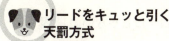

留守中にイタズラしたら…？

帰宅してみると、トイレシートが噛みちぎられて、ボロボロに。家具や壁の噛みグセ、かじりグセもよく聞きます。何かよい方法はないのでしょうか？

「ボロボロじゃないの」と騒ぐ

のばせておいてキュッと縛っておくだけ。おいしい臭いがするので興味津々《しんしん》。中に包まれているドッグフードをとろうと夢中になって遊びます。留守番が苦手なさみしがりやには、そもそも日頃かまいすぎないで"一人でも平気"にしておくことが大切です。

犬のホンネ

飼い主さんが注目してくれると、もっとイタズラしたくなる

かじってもよい「ひとり遊びグッズ」を与える

イタズラを「きゃあ、ボロボロじゃないの」と注意したり騒いだりすると、犬は注意を向けられたとカン違いしてますますやる気に。「さびしかったのね～」とお詫《わ》びにおやつをあげたりするとごほうびに。「かじるといいことが起こる」と犬に誤解させてはいけません。犬がかじってもいい手作りおもちゃの作り方を紹介しましょう。タオルの中にドッグフードをし

カリスマ訓練士のワン♪ポイントメッセージ①

本当の犬のしつけとは「人と犬の幸せな関係づくり」なんです

愛犬家のみなさんの中には、犬との深い愛情関係を保つために、対等な位置関係、つまり、「犬ときょうだいや友達のような関係になりたい」と考えられている方も多いようです。

ところが、人間社会と犬社会は違います。犬社会には「順位」があり、リーダーを頂点として強い順にしたがって行動する階級社会。上位の者は下位の者を支配し、下位の者は上位の者に服従する、という習性があります。

ですから、犬の意思を尊重し、愛犬が要求するまま、望むままのことをやってあげても、残念ながら犬は飼い主さんに恩義《おんぎ》を感じたり、感謝したりはしません。「自分がリーダーだ」と認識した犬は、下位の者が上位の者に尽くすのは当たり前、と思うからです。

飼い主さんの言うことは聞き流し、散歩に連れ出せば犬が飼い主さんを引っ張り回す……このようなタイプの犬たちは「権勢症候群《けんせい》」と呼ばれています。

やがて、犬に服従しない飼い主さんは威嚇《いかく》され、従わなければ攻撃を受けます。動物病院や狂犬病の予防接種会場などで、獣医さんの診察や注射を拒否し、飼い主さんの制御《せいぎょ》に怒って、うなる、かむ、暴れる……。そんな威嚇や攻撃行動をとる犬たちの姿をよく見かけます。

犬は下位の者の言うことを聞かないばかりか、リーダーに逆らう者は威嚇し、反抗しようものならガブッと噛みついてでもリーダー性を誇示しようとする動物です。

ただ、誤解してほしくないのは、飼い主さんが「主」、犬を「従」という関係は、ただ人に従順になるというだけでなく、犬にとっても幸せだということです。

本文でも紹介しましたが、権勢本能が強くなればなるほど、犬には強いストレスがかかっていて、決して幸せとはいえません。

本来、犬は群れをつくって集団で生活をする動物です。その群れの長ともなると、「リーダーとして群れ（家族）を守らなきゃ」と権勢本能が全開。いつ敵がくるかと、つねに神経は研《と》ぎ澄まされ、緊張しているのです。

犬にとっては、頼れるリーダーに従い、守られるほうが安心して暮らせます。ピリピリとストレスを感じることなく、おだやかでいられるのです。

うちの訓練所に寄せられる依頼や相談内容も最近は変わってきています。以前なら「競技会にでるからうちの犬を訓練してほしい」といった依頼が多かったのですが、最近ではしつけの問題、問題行動の矯正《きょうせい》に関する相談が増えてきました。

そして、依頼する方のほとんどは、「犬を専門家に訓練してもらえば、よい犬になって帰ってくる」と誤解しています。ところが、犬だけいい子にしても、飼い主さんの対応の仕方が変わらなければ、すぐに元通り。飼い主さんの手元に戻った瞬間に、以前のわがまま犬に豹変してしまいます。

飼い主さんに、人間の子どもと同じような対応をするとうまくいかないこと、犬の本能と習性に沿った対応、つまり愛犬のリーダーとして接してもらうことを十分理解してもらう必要があります。

それは、たとえ子犬を飼い始めたばかりの飼い主さんが「これからしつけを始めるぞ」という場合であっても同じです。

本当の犬のしつけとは、トイレのしつけや飼い主さんの指示を犬に教えることではありません。いかにして主従関係を築くか、「私がリーダーです」というリーダー的対応を示すか、です。

前にも言ったように、今まで千頭以上の犬を見てきましたが、もともと悪い犬、バカな犬、ダメな犬というのは一頭もいません。問題は犬自身ではなく、飼い主さんにある。そのため、私は「飼い主教育」を何よりも重視しています。そして、それは犬と人がずっと幸せに暮らしていくために必要なことなのです。

Part 2

どちらが犬にとって
ストレス？
かわいそうなの？

～心地いい暮らしの章～

部屋で自由にできるほうがいい？

犬は活動的な動物。あちこち自由に動けたほうがいいんじゃない!?
さて、室内ではどちらの飼い方が犬にとって幸せなのでしょうか。

閉じ込めるのはかわいそうだから、部屋で自由に遊ばせる

に出るとき以外は、ほとんど狭い横穴ですごしています。周りが囲まれていて敵に襲われることもないから、「ここにいれば安心」と狭いハウスの中を居心地よく感じるのが犬の習性です。放し飼いをやめて、ハウス飼いにすれば、“ストレス吠え”をする必要もなくなり、おだやかな犬になります。

犬のホンネ

部屋中を動き回って守るのはタイヘン、ヘトヘトなんだ

ハウス(犬の居場所)で過ごしたほうが安心

部屋の中で放し飼いをすると、犬の“なわばり”は部屋全体に。広いなわばりを守らないといけないため大変です。つねに警戒本能を働かせ、神経をすり減らすことに。ストレスがたまるので、イタズラやトイレの失敗、留守番ができないなどトラブルの原因にもなります。一方、「ハウス」は犬にとって快適な場所です。もともと犬は横穴で生活する動物。狩り

犬にとって居心地のいい場所とは

広いお庭があるお宅は違うのでしょうが、犬小屋は玄関の脇、というお宅が多いように思います。この場所、果たして犬にとっては「幸せな住みか」になっているのでしょうか？

玄関先につないで飼う

室内か、柵《さく》や高い塀《へい》で囲って、通行人や車など外の様子が見えないところに犬の居場所（ハウス）を設置するのがベストです。

犬のホンネ

通行人や車が見えないところのほうが安心するよ、落ち着くよ

通行人や車など外の様子が見えない場所でつながずに囲う

人の出入りが多い門から玄関先は、犬にとってもっとも落ち着かないストレスのかかる場所です。誰かが通るたびに犬は緊張し、警戒しなくてはいけません。しかも、鎖でつながれていると逃げられませんから、さらに警戒心が強くなり、吠えやすくなります。いわゆる「番犬」としての飼い方ですが、知っている人・知らない人見境《みさかい》なく吠えるようになる可能性大。

犬が喜ぶ庭での飼い方は？

昔から犬は外で飼うもの。広い庭でのびのびと駆け回らせたほうが犬は喜びそうですが……。

庭で放し飼い

囲いがあれば、「これがあるから、敵が襲ってこない」という魔法の壁に。犬にとって安全なゾーンができあがりますから、むやみに吠える必要もなく、おだやかに過ごせるのです。

犬のホンネ

広いなわばりを見張らないといけないから、吠えてるんだ

狭い囲いをつくってやる

庭での放し飼いは、守らなくてはいけない「なわばりの範囲」を広げることになるので、犬にとっては大きなストレス。人の出入りのたびに吠えるようになります。また長い鎖でつないで飼うのは、いかにも運動できてよさそうですが、反面、逃げ場がないと犬を不安にさせてしまいます。それにもかかわらず、外敵はどこからやってくるかもしれない……。逆に

トイレの場所はどこにある?

「うちのコ、トイレの場所を覚えてくれなくて……」という悩みは多いもの。原因の一つは、トイレの教え方ではなく、「トイレの場所」が悪いから。犬の習性に合ったトイレの配置はどこでしょう?

サークル内にハウスとトイレを置く

らうには、この習性を利用して、普段はハウスに入れておき、起床後や食事のあとなどのタイミングで、サークルで囲ったトイレスペースに入れる。すると少し動いているうちに排泄する。これを繰り返すと、「条件反射」でハウスからトイレスペースに連れ出したら決まって排泄するようになります。

犬のホンネ

寝床に近い場所では、トイレしたくないんだ

ハウスとトイレが
離れた場所にある

もともと横穴で生活している野生の犬は、自分の巣（寝場所＝ハウス）では排泄しません。理由は巣の近くにオシッコやウンチの臭いがついていると、天敵に目印になるから。寝場所から離れたところで用を足すのが犬の習性です。ハウスのすぐ近くにトイレ場所にあったほうが一見わかりやすい気がしますが、逆にそこではしたくないんです。トイレを覚えても

お出かけ前の対応、留守番上手になるのはどっち？

愛犬だけ家に残して仕事に出かけるとき、お出かけするとき、あなたならどうしますか？　上手に留守番できる犬になる対応はどちらでしょうか。

「いい子にしててね」などと別れのあいさつをする

けなどせず、さりげなく出かけましょう。「誰か玄関から出ていったなあ」くらいの静かさが最適。一匹の時間にスムースに移行できて、留守番上手な犬になれるのです。

犬のホンネ

留守番を頼まれると、「これから、ひとりぼっちだ」って不安になるんだ

何も言わずに出かける

本来、群れで暮らす犬はひとりぼっちが苦手。そんな犬に「留守番しててね。いい子にしててね」などと声をかけるのは、「これからキミはひとりぼっちになる、寂しくなるよ〜」と言っているようなものです。置き去りにされた寂しさから不安になり（分離不安）、ストレスから吠えたり部屋中荒らし回ったり。そんな精神が不安定な犬にしたくないなら、声か

帰宅後、留守番犬のストレスを軽くするために

帰宅後、玄関を開けたとたん、飛びついてくる犬。まるで「さびしかったよー、帰ってきてくれてうれしいよー」と出迎えてくれているかのようです。あなたなら、ひとりで留守番していた愛犬に、どう対応しますか？

留守番できたことをほめ、抱きしめる

あらわれることも……。ですから、犬が大喜びでまとわりついてきても、しばらく無視してください。目線を合わせず、洋服を着替えるなどしているうちに、犬の興奮はクールダウン。犬のほうも「張り合いがないから大騒ぎはやめよう」と、精神状態も安定してくるはずです。

犬のホンネ

激しいお出迎えをやめたら、ひとりでも平気になるよ

興奮が落ち着くまで、かまわない

抱きしめてあげたい気持ちはわかりますが、「飛びついてただいま」が習慣化すると、犬の“分離《ぶんり》不安”につながります。犬の身になって考えてみましょう。一匹で留守番していた、ちょっとさびしい時間。そこにご主人さま登場で、興奮はピークに！　こんなアップダウンの生活は、犬の心を不安定な精神状態にしてしまいます。大きなストレスとなって、症状として

落ち着きがないのは、元気がありあまっているから？

元気いっぱい。ソファにのったりおりたりと部屋中駆けずり回る……。どうしたら落ち着く？

エネルギーがありあまっているのかなと散歩に連れ出す

れを何度かくり返すという条件付けをすると、同じ場所（敷物の上）でじっとしていられるようになりますよ。

犬のホンネ

「自分の居場所」があるほうが落ち着くよ

バスタオル一枚分に「居場所を限定」してあげる

部屋の中をかけずり回るのは、なわばり意識からのストレス行動です。「自由にさせたほうが喜ぶだろう」と思いがちですが、犬は野放しにせず、居場所を限定したほうがストレスを感じずにすみ、落ち着くのです。バスタオル（フセができる大きさの敷物ならなんでもＯＫ）の上にフセをさせ、おやつを置き、離れる。じっとしていられたらおやつをあげる。こ

散歩のときにトイレをすませていませんか

お散歩のとき、街を汚さないために犬のうんちを持ち帰ったり、おしっこ跡を水で流すのは飼い主のマナー……というのはよく言われることですが、そもそも、排泄のために散歩に連れて行くというのは、常識なんでしょうか？

散歩中しかトイレをしないから雨の日も風の日も散歩

こに連れて行けば必ず排泄ができるようにしつけたほうがいいでしょう。

犬のホンネ

散歩中のトイレがくせになっちゃったから、散歩に出られないと困るんだ

散歩に出られなくてもトイレをする習慣をつける

「うちのコは外でしかトイレをしない」という犬は多くいますが、それは犬の習性ではなく、そう“しつけ”たからです。散歩とトイレをセットにして習慣づけると、雨の日も風の日も雪の日も散歩に連れ出さないといけないので、飼い主さんは大変。散歩に出られないとき、犬はトイレをがまんしなくてはいけません。室内や庭先などにトイレスペースをつくり、そ

狭いハウスはかわいそう!?

人だったら狭い部屋に入れられたら窮屈です。では、犬も狭いところに入れるのはかわいそう?

中でうろうろ動き回れるようなスペース

る幅と奥行きがある」こと。成犬になったときの大きさに合わせてハウスを用意すると、子犬のうちは広すぎることに。小さい犬には小さい家を。なければ、仕切り板をつくるなどして工夫をするといいでしょう。

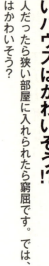

犬のホンネ

広いおうちは緊張してゆっくり休めないよ

狭いところでいるほうが安心です

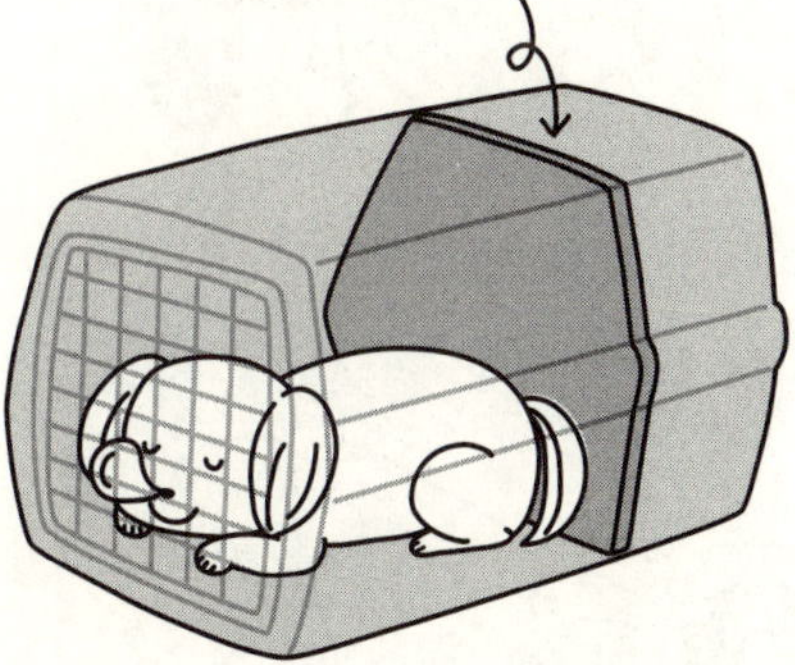

中で自由に動き回れるような大きなハウスを用意しがちですが、犬にとってはかえって落ち着いていられません。野生の犬は、自分の体がちょうど入るくらいの横穴を住みかにしています。そこは、外敵も侵入できない、自分だけのお城。だからこそ、ゆっくり休むことができるのです。居心地のいいハウスのサイズは「立ち上がることができる高さとフセができ

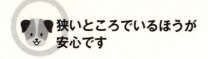

首輪と胴輪、どっちがラク？

近頃、首輪ではなく胴輪で散歩する犬をみかけます。とくに、首が細い小型犬には、負担が少なくてよさそうに見えますが、犬の立場からはどうなのでしょうか？

す。胴輪を首輪に変えるだけでも、コントロールしやすくなることもあるのですから。

犬のホンネ

胴輪をつけられると、つい引っぱりたくなるよ

首輪にする

しっかり首輪で
散歩しよう
あれ
こっちの方が
ラクだなあ…

実は、胴輪は「引っぱる（困った）犬」にしてしまいがちな道具。胴輪をよく見てください。まさしく「犬ぞり」のスタイルです。つまり、引っぱられると前進する、という労働を課す仕組みです。
また、首輪が「苦しそう」「かわいそう」というのは人間の感覚。母犬が子犬の首をくわえてしつけることからも、犬の習性にかなっていま

車で出かけるときは、愛犬をどこにのせますか

車の窓から顔を出している犬をときどき見かけます。犬を車にのせるとき、あなたならどうする?

家族のひざの上や、助手席・後部座席に座らせる

内で自由にさせていると、放し飼いと同じで落ち着きません。

犬のホンネ

クレートが車内では
〝シートベルト〟代わりになるんだね

必ずクレート(犬用のかご)に入れておく

私が犬を車にのせるときは、必ずハウス(クレート)に入れ、後部座席の下など、安定する場所に置きます。ハウス(クレート)が「シートベルト」の役割を果たし、いざというとき犬の身を守ってくれます。
犬を座席やひざの上にのせる、といったのせ方をしていると、急ブレーキや急ハンドルで思わぬ事故を招いたりする恐れもあります。犬も車

いつものエサを食べないのは、同じ味に飽きたから？

以前はよく食べていたドッグフード。同じ分量をあげているのに、急に食べなくなった。飽きちゃった？　違うのを食べたいの？　賢い対処法はどっち？

別のフードに変える

フードを変えた方がいいかな？
DOG FOOD
うまうま
どーん

なくても平気なのでさっさとお皿を片づけてください。とくに理由もなくお肉などのごちそうを与えていると、いつものエサを食べなくなることもあります。レバーやハム、チキンなどのごちそうは、「スワレ」「マテ」を教えるときのごほうびにするなど、理由をはっきりさせてあげるのがポイントです。

犬のホンネ

食べ残すともっとおいしいものが出てくるから、つい食べちゃうぞ

健康に問題がなければ、さっさと食器を下げる

今まで普通に食べていたドッグフードをあまり食べなくなったとき、まずは健康面をチェック。具合が悪いのではないのに、新しいエサ（たいていはグレードアップ）を与えると、「もっとおいしいものが出てきた！　じゃあまた残したら、もっとおいしいものが出てくるんだ」と犬は学習してしまいます。こうしてグルメ犬、メタボ犬のできあがり。１日くらい食べ

子犬のうちは外に出さないほうがいい？

子犬のワクチン接種が終わる生後2～5か月頃まではなるべく外に出さないほうがいい？

病気も心配だし、外に連れて行って、万一迷子にでもなったら……

ワクチン接種が終わるまで外に出さない

なくても、抱っこやトートバッグに入れて、"見せるだけ""音を聞かせるだけ"でもよい経験になります。

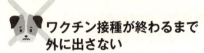

犬のホンネ

小さいときにあまり外に出ていないと、外の世界が怖くなるの

外に連れ出して、いろいろな人や動物に会わせる

「社会化期」といわれる子犬時代に、室内だけで限られた人としかふれあわなかった犬は、将来のトラブルの芽を育てていると言ってもいいでしょう。
犬を外の世界（社会環境）に慣れさせることで、ほかの犬や動物、車の音や周囲のものに過敏《かびん》に反応したり、吠えたり、おびえたりしない、おだやかな性格の犬になります。特別なことをし

広い場所で遊べばストレス発散になる？

ふだんリードにつながれているから、ときにはリードをつけずに自由に走り回れる場所へ連れて行ってあげたい。広い場所で自由に遊ばせればストレス発散になる？

ドッグランに連れて行く

さん犬がいる広々とした場所に放たれることが、必ずしも犬が喜ぶこととはいえないのです。

犬のホンネ

マナーの悪い犬がいっぱいいる場所はうれしくないよ

逆に、広い場所では不安になる

ドッグランでのトラブルが頻発しています。「興奮して、ほかの犬や飼い主さんに飛びかかる」「呼んでも戻ってこない」。こうしたマナーの悪い、社会性の身についていない犬がいるので、安全とはいえません。

犬にとっては信頼できるリーダーのもとで守ってもらえたほうが安心で幸せ。狭い巣穴で暮らす習性から、狭いところも大好き。ほかにたく

大きい犬ほど運動が必要!?

自転車を引いて散歩する大型犬の姿をよく見かけます。犬にとって散歩は欠かせないもの、なんでしょうか。

大型犬はたくさん運動させなきゃ、と自転車で引いて散歩

る原因にもなりかねません（たとえば、ハードな運動量の警察犬の平均寿命は10歳くらいと短命です）。また、自転車で長距離の運動を日常的にしていると、犬の体力はどんどん養われるので、その体力が消耗できないときにストレスがかかります。

犬のホンネ

毎日たくさん運動しているから、散歩に行けない日はストレスだよ

普通の散歩
散歩に行かない日もある

「うちの犬はからだが大きいから、たくさん運動させないと運動不足になる」と、飼い主さんが自転車に乗り、犬を長距離走らせる……。たまに飼い主さんのサイクリングにつきあう程度ならかまいませんが、毎日の日課となると犬の健康が心配。たとえ大型犬でも、家庭犬の場合、たくさんの運動は必要ありません。逆に過度な運動は健康を害します。寿命を縮め

大きな音におびえるときの対処法

雷がゴロゴロ鳴り出すと怖がって、パニック状態になる。花火のドーン！　という音にびっくりして、逃げだそうとする……。大きな音におびえる愛犬にはどう対処したらいいい？

「大丈夫だからね」と抱きしめてなぐさめる

少しずつ大きくして慣れさせていきます（その間犬を見つめたり。言葉をかけずに）。ボリュームのレベルが50％ぐらいまで上げても大丈夫になったらエサを使って気持ちをそらす。音を聞かせながらボールで遊んであげるなど「音が聞こえたら楽しいことがある」と逆条件付けさせるのがコツです。

犬のホンネ

よしよしされると、もっと怖がりになるよ

音に慣れる練習をする

「音響恐怖症」といって、雷鳴《らいめい》、花火の音、車のクラクションの音など大きな音がからっきしダメで、ビクついてしまうという犬はいます。そんなとき、赤ちゃんをあやす感覚で、声をかけたり、からだを触れたりするのは逆効果。「どうだ、ほらほら怖いだろう」とあおられているようで、犬の恐怖心が倍増します。花火や雷の音のＣＤなどを使って、ボリュームを

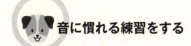

カリスマ訓練士のワン/ポイントメッセージ②

無駄吠え、イタズラ、トイレ問題…それは「犬の習性」ではありません

「犬は必ずしも散歩させなくてもいいんです」

そういうと、多くの方に驚かれます。犬は毎日欠かさず散歩させるものだと思っていませんか。たしかに、散歩にでないと排尿・排便をしない犬はいます。しかし、それは「習性」ではありません。飼い主さんの「習慣」の結果です。

散歩とトイレがワンセットになっているから、雨の日も風の日も朝晩2回はトイレのために散歩に行かなければならないのです。散歩とトイレを切り離し、家で排泄《はいせつ》する習慣にすればいいのです。

また、「時間を決めて規則正しく世話をしなければならない」と思っている人も少なくありません。ところが前に紹介したように、犬は優れた「時間感覚」を

持っているため、「もうすぐ散歩の時間だ」とか「そろそろエサだな」とわかるようになります。飼い主さんがすぐに対応しないと、「何をしている。早くしろ」と吠えて要求されることになります。

これを、「吠えることで、犬はしたいことを教えてくれる」と受け止める飼い主さんもいるようですが、そもそも、犬は寡黙《かもく》な動物で吠えません。野生の犬がやたら吠えたら敵や獲物に自分たちの居場所を教えることになります。家庭犬であっても、幸せな環境でいれば吠えません。吠える必要がないからです。

吠えるのは、散歩やエサなどの「要求行動」であり、なわばりを守るための「警戒行動」（「番犬」という言葉がありますが、泥棒もお客さんも犬には関係ありません）。いわばストレスからきています。時間を決めずに不定期に対応すれば、犬もイライラしませんし、特定の時間に吠えたてることもありません。犬が飼い主さんの都合にあわせるようにすれば、よけいなストレスはかからないのです。

「うちの犬、甘やかして、わがままになってしまった」という声をよく聞きますが、私は「犬を甘やかした」のではなく、飼い主さんが「犬に甘えた」対応をした結果だと思います。

たとえば犬がかわいいと思う気持ちから、つい「どうしたの、○○ちゃん」「お水飲みたいの？　それともお腹すいたの？」「それとも、お外かな？　じゃあ、散歩しようか」などと、犬にたくさん話しかけてしまう……。こうした**「友達感覚」の接し方は、犬にしてみれば、下位の者が上位の者へ媚《こ》びを売る「媚び行動」としか感じないのです。**

群れ（家族）のリーダーが犬だと、知らないうちに教えているようなものです。そうなると、リーダーの重責《じゅうせき》ストレスから、無駄吠え・イタズラ（破壊行動）・トイレ問題などのトラブルを起こしやすくなります。飼い主さんの言うことを聞かないということは、きちんとした主従関係ができていない証拠です。

では、この逆転してしまった主従関係をリセットするには、どうすればいいか。

ポイントは二つ。人の感覚では理解しがたいかもしれませんが、**「見ないこと」と「しゃべらないこと」です。**

下位の者は上位の者の行動を見て従います。飼い主さんが、かわいいからと犬を見続けてしまうと、注目を浴びるのはリーダーであると思い込み、さらにわがままになります。とくに「よくないこと」を注目すると、その行動を強化してしまいます。勝手な行動に対しては、見ないふりをすることです。

また、しゃべってはいけません。犬は言葉を理解できませんから、くどくど説教しても意味はわかりません。それどころか、先ほど説明したように、飼い主が媚びを売っているとしか感じません。この「見ない」「しゃべらない」で、主従がリセットできるようになります。

Part 3

どちらが犬に「大好き！」が伝わる？

～遊び方、上手なつきあい方の章～

よく見つめて話しかけていませんか

うちのコはめちゃくちゃかわいい。「かわいいね～」と犬にたくさん話しかけてかわいがりたい。あなたなら、愛犬がそばにいるとき、どうしますか？

いつも見つめて話しかけている

ただし、犬と飼い主さんとの絆がしっかりしている場合は、問題ないでしょう。

犬のホンネ

見つめられて話しかけられると、自分がエラくなった気分だよ

犬には話しかけず、落ち着いて堂々としている

犬は大切な家族の一員だから、つい子ども相手のように話しかけてしまいますが、犬の社会では、みんなから注目されるのはリーダー。下位のものが上位の動きを見て、つき従うからです。また、機嫌《きげん》をとったり話しかけたりするのも下位の者が上位の者にとる行動なので、飼い主さんが自分に媚《こ》びを売っているように受け取られます。

家の中で「なるべく遊んであげたい」と思っていませんか

「遊んで〜」と脚にからまりつく愛犬。ときにはジャンプしてきて、「遊んで遊んで！」……どうする？

こまめに遊んであげる

主さんにとってはしつけになり、犬にとっては気持ちよくリラックスできる最高のふれあいタイムになります。

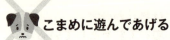

犬のホンネ

いつもベタベタしてると、ひとりぼっちが苦手なさみしがりやになるよ

ホールドスティルやタッチングでふれあう

遊んであげたい気持ちはわかりますが、家でかまえばかまうほど飼い主さんへの依存心が強くなり、飼い主さんがいないと大きなストレスを感じる犬になってしまいます。また、犬の「遊んで」という要求に従い続けると主従逆転してしまいます。
室内で遊ぶなら、ホールドスティル＆タッチング（164～167ページ）でのふれあいを。飼い

引っ張りっこ遊びで、タオルを返してくれないとき

「お！　けっこう強いな！　よーし、これでどうだ」……タオルを引っ張り合う遊び。これなら室内で走り回ることなく、ちょうどよい遊びです。この遊んだタオルを愛犬が気に入ってしまい、返してくれないときは？

あきらめてタオルをあげる

り上げること。たかがタオル、されどタオル、です。

犬のホンネ

タオル取られちゃった。
やっぱり飼い主さんはすごいなあ

「はい、終わり！」必ずタオルを取り上げる

一緒に遊んだおもちゃは、与えっぱなしにしてはいけません。タオルを引っ張り合うのは、物の取り合い、奪い合いを意味する遊びです。犬は、遊んでいるよう見えても力の強弱を競い「順位決め」をしているのです。
犬からみれば「ボクのほうが力があるから、タオルを奪えたんだ」となるわけです。
よって、最後は必ず、飼い主さんがタオルを取

ボールを離《はな》さないときは、どうする

投げたボールを追いかけ、くわえて取ってくる。でも、いったんくわえたものは絶対に離さない犬。

「ボール遊び」の楽しさを教えるには、さてどうしましょう？

取りっこをして、取り上げる

ボールを離さない犬の鼻先に、エサをさし出しましょう。すると、エサを食べたいものだから、ボールを離します＝ボールを吐き出したら、ごちそうがもらえるぞ……。この「くわえたものを離す」遊びは、拾い食い解消・噛みグセ解消にも効果がある方法です。

犬のホンネ

楽しいボール遊びで、くわえたものを離すのが上手になったよ

ボールを自然に離させる「ごほうび作戦」

ボール遊びは、犬の栄養本能に分類される狩猟本能・持来《じらい》本能に基づいた楽しい遊び。でも、一度くわえたものを離さないのは、自分のものを守ろうとする監守《かんしゅ》本能が働くからです。そこで力ずくで飼い主さんが無理やり取ろうとすると、うなることも。自分の所有物であるボールを素直に渡せるかどうかが「主従関係」のバロメーターになるんですね。

スリッパなどをくわえて遊び道具にしたときは…

スリッパや靴、衣類など、人間の持ち物に興味を示し、くわえておもちゃにしてしまう。そんなとき、どうしたらいい？

追いかけて取り返す

いらなくなったスリッパや靴、ぬいぐるみなどを犬のおもちゃとしてあげたりしていませんか。犬は人のモノと犬のモノの区別も、新品とお下がりのモノの区別もつかないので、すべておもちゃだとカン違いしてしまいます。おもちゃは犬専用のものを与えましょう。

犬のホンネ

「人のモノだから返せ」と言われても、区別つかないよ

犬のほうを見ないで リードでキュッ

追いかけたりすると、おもしろがって、よけいにやるようになります。無理やり取り返すと、くわえた獲物を守ろうとする監守《かんしゅ》本能から手放さなかったり、興奮状態にあると噛まれることも。リードをつけておき、スリッパなどをくわえたら、一瞬ゆるめたリードをキュッと上に引いて。天罰《てんばつ》方式で「いたずらしたらイヤなこと起こった」と学習させます。また、

人の顔をなめるのは愛情表現!?

抱き上げると、ペロペロと家族の口の周りをなめてキスしてくる。これってどういう意味？　親愛の情からくる犬のあいさつ？

かわいいので好き放題

また、犬の口の中の常在菌で感染症を起こすこともあるので、黙って顔の向きを変えて無視を。

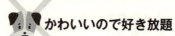

犬のホンネ

顔をなめるのは、
喜んでいるからじゃないんだな、実は

顔の向きをかえて顔なめ防止

「顔なめ」はエサをねだるときの本能的な行動（子犬は母犬が狩りをして詰め込んできたエサを、母犬の口のまわりをなめて刺激することで吐き出してもらう）。甘えや愛情表現ではありません。「なめられるまま」にしておくとまさに「犬からなめられて」しまい、やがて人に飛びついてでも、口をなめようとしてきます。

一緒にお出かけ①

車嫌いを車好きにするには

車に乗るのが苦手なわんちゃんもいます。たとえば車酔いした犬を少しでも楽にさせるために、とるべき態度とは？

背中を優しくなでて「大丈夫」と声をかける

せる→ドアと窓を閉める。エンジンはかけないまま→エンジンをかける→少し走ってみるというふうに、徐々に車に慣れさせるといいでしょう。

犬のホンネ

優しくされると、よけいに車が苦手になるよ

その場で淡々と汚物を片づけ、徐々に車に慣れさせていく

優しく声かけしたい気持ちはわかりますが、その行動がかえって車酔いを強化してしまいます。吐いた→心配される、こうした回路が犬の中にできあがるとトラウマに。淡々と汚物を片づけ、「こんなことなんでもないよ」とばかりに無関心を装うのが正解。最初はエンジンをかけずに、ドアや窓を開けっ放しにして車にのせる→次にドアを閉めて窓は開けて車にの

一緒にお出かけ②

ハウス嫌いをハウス好きにするには

ハウスに入れようとすると、いやがって鳴き叫ぶ。なんとか中に入れても、吠えたりハウスをガリガリやって外に出たがる……。かわいそうだから、ハウス飼いはあきらめたほうがいいのでしょうか。

とにかく中に閉じ込めてハウスに慣れさせる

に入れ、扉を閉めて犬をじらします。しばらくじらして扉を開け、犬が中に入ったら、すぐドアを閉めてはいけません。はじめは扉を閉めずに、犬がエサを食べて出てこようとしたらドアの入口にひと口ずつ自動的に運ぶのがコツです。これを繰り返すことで、ハウス好きに変わるはずです。

犬のホンネ

飼い主さんは怒るとここに閉じ込めるから、
すっかりハウス嫌いになっちゃったんだ

ハウスの中で食事をして ハウス好きに

食べたい
よう
「入りたい、入りたい」と
じらしてから食べさせる

ハウスの中に強制的に閉じ込められたのでは、ハウスを「お仕《し》置《お》き場所」と感じてさらにいやがるでしょう。そもそも、ハウスをいやがるようになったのは、吠えて困ったとき、イタズラしたときの罰としてハウスに閉じ込めていたのが原因という場合もあります。ハウスは快適だと教えてあげるには、「ハウスの中で食事」作戦で。エサを入れた食器をハウスの中

一緒にお出かけ③　散歩嫌いをなおす秘策はどっち？

散歩嫌いの犬は、けっこういるものです。散歩に出ようとしても歩かない。途中で、ドテっとしゃがみこんで動かなくなる……。

とりあえず抱っこして外に連れ出す

しにして、半量のエサを持参し、散歩で外に出たときに与えます。残り半分は帰宅後（散歩から帰るとき家に入ろうとしないという問題はこれで解決）。注意点は、座り込んでいるときではなく、歩いているときにエサを出すこと。止まっているときだと、「止まればエサをもらえる」とカン違いしますから。

犬のホンネ

うちのご主人は歩くとエサをくれるから、どんどん歩くぞ

「散歩に出るといいことがあるぞ」作戦

小型犬を抱っこして散歩する人を時々見かけます。事情は様々でしょうが、健康上問題がないのに頑《がん》として動かなくなるのは非服従行動。抱っこしていると、立ち止まったら抱っこしてもらえると学習してします。かといってリードでぐいぐい引っ張って動かそうとしたら対立関係が深まるだけ。そこで、「散歩にでるといいことあるぞ」作戦。家の中ではエサな

カリスマ訓練士のワンポイントメッセージ③

賢く育てる決め手は、「叱る」のではなく、「犬自身に考えさせる」こと！

私のところ（オールドッグセンター）は「問題犬の駆け込み寺」と呼ばれ、全国から様々なトラブルの相談がきます。

中でも犬の三大問題行動といわれるのは「吠える」「噛《か》む」「トイレの失敗」。

通行人やよその犬が通りかかるとけたたましく吠える、噛みぐせで困っている、トイレをいつまでも覚えず部屋中に粗相する……。

こんなとき叱るか、ほめるか、いったいどちらの方法で犬は賢くなるのでしょうか。

この本をお読みのみなさんにはもうおわかりの通り、犬の習性から見れば、どちらも正しくありません。

たしかに飼い主さんが厳しく叱ったり罰したりすれば、一時的な効果はあるかもしれません。また、「できたね！」と大きな声と大げさな態度でほめちぎったりすれば、犬は興奮してしっぽをバタバタ……。飼い主さんの言うことを理解して犬が喜んでいるように見えることもあるでしょう。

ところが、前者は飼い主さんが怖いから言うことを聞いただけ、後者は飼い主さんの態度に煽られて興奮しているだけ。**犬自身がやっていいことと悪いことを理解したことにはならないのです。**

また、多くの飼い主さんが陥《おちい》りやすいのが、言葉をかけて教えようとすることです。

「おすわりでしょう？　ダメ、じっとしていなきゃ。何度言ったらわかるの」
「ほら、マテでしょ。マテ。ほら、動いちゃいけないって言ってるでしょ」

人間の言葉がわからない犬には通じません。言葉をぶつければぶつけるほど犬は混乱するだけ。しかも、**犬への「声がけ」は、間違った伝わり方をしてしまうことが多々あります。**

本文でも紹介したように、たとえば「ダメ！」「うるさい！」と飼い主さんは叱っているつもりが、犬には「いいぞいいぞ！　もっとやれやれ！」と声援《せいえん》を送っているように受け止められたり。

私自身、犬の訓練士となったばかりのころ、警察犬（使役犬《しえき》）の訓練に「言葉」を使って命令を伝えていました。ところが家庭犬を預かったとき、犬は「飼い主の言葉を聞き流している」という事実に気づいたのです。

犬自身がいいこと・悪いことを理解し、自発的にいい行動をするようになるには、「犬自身に考えさせること」が肝要《かんよう》です。

たとえば、犬が吠えたらリードをチョンと真上に引っ張る。これを〝黙ったまま〟〝犬と目線をあわせない〟で、繰り返すだけ。「吠えると、首に不快感を感じる」と学習した犬は、自分から「吠えるのはやめよう」と考えるようになるでしょう。

「静かにしなさい」などと声をかけると、犬は興奮して思考回路が働かなくなります。何がいけないことだったのか、冷静に考えさせることができません。目線を合わせると、犬社会では〝対決〟する構図になり、「飼い主さん、何をするんだ」といったことになりかねません。

なお、犬が吠え続けている間、リードを真上にチョンと引き、すぐにゆるめて首に不快な感覚を与える方法は、人間の感覚からみればかわいそうに思われるかもしれません。でも、これは、犬の世界でおこなわれているのと同じやり方です。母犬は子犬の首をくわえ込み、してはいけないことを教えるのです。

問題行動の解決には犬の学習能力を利用して「犬自身に考えさせる」ことともう一つ、**「犬の習性に合った飼育環境かどうか」という視点も大切です。**

たとえば、家の中での放し飼いをやめるだけで、犬の気持ちが安定し、「吠えぐせ」「トイレの失敗」「イタズラ」といったトラブルが一挙解消したというケースも少なくありません。

理由はもうおわかりでしょう。人間の感覚だと部屋の中を自由に動き回れたほうがうれしいですが、犬は、部屋全体を守るべき〝なわばり〟だと思います。警戒心が高まって、玄関のインターフォンが鳴っても、お客さんがきても「侵入者だ！」と吠えたてることになります。

自由に動いていると利尿《りにょう》作用が働いて、あちこちで粗相《そそう》をしてしまいます。

そして家の中では飼えないといって外に出せば、通りかかった人や自転車など、見えるものすべてに反応して吠えるでしょう。つねに緊張を強いられるためにストレスがたまって、穴を掘ります。植木を引っこ抜きます。こうして、もう手に負えない「困った犬」ができあがるのです。

Part 4

もともと頭が悪い犬はいない！
どうすれば賢くなる？

～トラブル解決の章～

散歩編①　マーキング

犬の習性で、いちばん有名なのが、オス犬が後ろの片足をあげてオシッコをかける「マーキング」ではないでしょうか。散歩のたびにいつも電柱や壁にオシッコをかけるのを放っておいていいのでしょうか？

犬の本能だから、
マーキングはしかたない
犬の習性だから
仕方ないわね
ここはオレの
縄ばりだぞ

い方法は、リーダーウォーク（162ページ）の要領で。一瞬リードをたるませてからキュッと引くようにして。リードを張った状態でグイッと強く引っ張ると抵抗しますよ。

犬のホンネ

マーキングすればするほど、「オレ様度」が高くなる気がするよ

なわばりをつくらないために、マーキングはさせない

このマーキング、たしかにテリトリーを示すために臭いを残す本能的な行為。しかし、ニオイも問題ですし、熱心にマーキングする犬ほど、「権勢《けんせい》本能」の強い犬といえます。よってしたい放題をさせておくと、「ここはオレ様のなわばりだ！」という意識はふくらむばかり……。やがて飼い主のコントロールが利かなくなるかもしれませんよ。マーキングさせな

散歩編② 拾い食い

「道に落ちているものを食べるなんて汚いでしょ」「そんなもの食べちゃいけません」そう言ってもわからない犬に対し、どうすればいいでしょうか?

食べる前に先回りして取り上げる

いるものは食べられないんだ」と犬は理解します。ちなみに、目の前でご馳走を取り上げる方法は、人間でもそうですが、反感を買うだけです。

犬のホンネ

あっパクリとできない〜。落ちているものは食べられないんだね

さっと方向転換して拾い食い防止

いい匂いがするものをパクリ。食べ物だけでなく、ゴミを飲み込んだりして大変危険な行為です。ところが、落ちているものを食べてしまうのは、犬が悪いのではなく、拾い食いを許してしまっている飼い主さんの責任。拾い食いをやめさせるには、レバーなど犬の大好物を用意して、パクつく直前にリーダーウォークで方向転換……これを繰り返すと、「落ちて

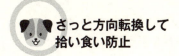

散歩編③

自転車や走っている人を追いかける

散歩しているとき、自転車やジョギング中の人を見かけると、追いかけていってしまう。道路に飛び出して事故にでもあったら大変！　いったいどうしたら止まってくれる？

「ダメ！止まって！」と言って、リードを引っ張って止める

飼い主さんの「マテ」の指示で止まるようにしつけておく（やり方は169ページ参照）のが根本的な解決法です。

犬のホンネ

リードを引っ張っても、止められないよ

リードでロックして止める

動くものを見ると追いかけてしまうのは、逃げる獲物を追いかける犬の習性。とくに、コーギーやボーダーコリーなどの牧羊犬種《ぼくよう》はその傾向が強いです。それを引っ張って止めようとすると、かえって抵抗されるものです。追いかけようとしてリードが張ってしまったら犬のほうに近づいて一瞬リードでゆるめ、すばやくキュッと引いてロックを。「マテ」を教え、

散歩編④　散歩前に大はしゃぎ

散歩が大好きで、さあ散歩に出かけようとリードを手にした瞬間、くるくる回転したり、キャンキャン叫んだり、大興奮！　こんなとき、どうする？

「よしよし」と、急いでリードをつけてやる

なしくしていれば散歩に行けるんだ」と犬自身が気づきます。

犬のホンネ

おとなしくしないうちは散歩に行けないんだね

落ち着くまでリードをつけない

興奮していて暴れる犬に、一生懸命リードをつけて、引っ張られながら外へ……。これは人が犬に従う構図になっています。

そこで、犬の興奮が収まるまでは、リードを持ったまま知らん顔してください。声を出すと興奮するので無言で。犬がクールダウンしたタイミングで、初めて「スワレ」と声をかけてリードをつける。このやりとりを繰り返すと「おと

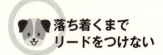

散歩編⑤

首輪をつけるのをいやがる

首輪をつけようとすると抵抗する犬。
これでは外に出られない。どうしたらいい？

エサを食べているすきにササッとつける

輪をもち、もう一方の手でエサをひと口分もって、首輪の間から差し出します。犬が顔を近づけたとき、エサをもった手を引くと、首輪に頭を突っ込むことに。くり返すと「首輪の中に自分から頭を入れるとおいしい思いができる」と学習。これで首輪をもっただけで自分から首を入れるようになります。

犬のホンネ

首輪に自分から頭を入れるといいことあるぞ

首輪に自分から頭を入れる「ごほうび作戦」

首の周りは犬にとって苦手な部分。でも飼い主さんに体をさわるのを嫌がるのは、愛犬との信頼関係が不十分だということ。エサを前にしているときに体をさわろうとすると、「何をする！」となるでしょう。だからといって「じっとしなさい」などと声をかけていると、犬はますますはしゃいでリードをつけられません。そこで「首輪＋ごほうび作戦」。片手で首

散歩編⑥ ほかの犬と仲良くできない

「いつも○○さん家のポチに吠えかかるのよね」「大きい犬が怖いのかと思ったら、自分より小さい犬にもけんかをしかけるし……」。どうしたらいい？

同じ散歩コースを慣れさせ、愛犬に「ダメよ」と声をかける

れば吠えなくても安心なんです。ほかの犬とすれ違うときは、犬同士すれ違わない位置関係で座らせておいて、通りすぎるのをやりすごすのも手。リーダーウォークのほか、子犬のときに積極的に外に連れ出しいろんな環境に慣れさせておくことが大切です。

犬のホンネ

いつも同じお散歩コースは、ボクのなわばりだぞ

散歩コースを変える

犬にとって散歩は群れの移動を意味するので、ほかの犬と会うのは、ほかの群れと出会うのと同じ。うなったり、吠えたりするのは、群れの仲間を守ろうとする行為です。声をかけたりすると、ますますヒートアップ。いつも同じ散歩コースを歩いていると犬はそのコースをなわばりだと認識し、「あっち行け！」となりがちです。信頼できるリーダーが一緒であ

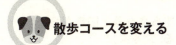

散歩編⑦

小さな子を犬にさわらせるのが心配

「小さな子どもが大嫌いで、すぐに吠えかかるの」「小さな子に噛みつきそうで怖くて」。こんな困った成犬にしないためには、さて、どちらが得策？

いたずらされると困るから避ける

をするかわかりませんので、さわらせる必要はありません。3～4歳の子には親と一緒に子どもにさわらせ、小学生ぐらいになったら、さわり方を教えてあげてください。

犬のホンネ

うちに小さい子はいないけれど、子どもは公園で見たことがあるから平気だよ

見せるだけでいい

子犬が生後1～3か月の時期（社会化期）に、いろんな人や子どもにふれあい慣れさせるのは大切です。そうでないと成犬になってから初めて見る子どもに対して、吠えかかったり、なめた行動にでることも……。まわりに幼い子どもがいない家庭なら、公園に行って子どもをただ見せるだけでOK。とくに赤ちゃんは、犬の耳をひっぱったり乱暴にしたりして何

散歩編⑧　呼んでも戻ってこない

リードを離してもいい広々とした場所でのびのび遊ばせてあげたい。ところがリードを離したが最後、犬は呼べども呼べども戻ってこない。こんなとき、どうする?

犬の名前を呼びながら追いかける

つで戻ってくるようしつける基本トレーニングは巻末168〜169ページで紹介)。

犬のホンネ

どうして呼ばれたら「戻らなきゃいけないの？」

「伸びるリード作戦」で戻ってくるように練習する

犬の習性は追いかけたら逃げるもの。飼い主さんのところに戻ってくるようにするには、「フレキシリード」と呼ばれる伸びるリードを使って練習をするのがオススメです。リードが伸びきったところで首がカクン。犬があれっと思ったときにエサ（ごほうび）を見せて呼び寄せる。これを繰り返すと、自分から戻ってくるようになります（「コイ」のかけ声ひと

無駄吠え編①

玄関にすっ飛んでいって吠える

ピンポーン！

お客さんや配達員など人が来るたびに玄関に向かって猛ダッシュ！　激しく吠えまくる。どうしたらおとなしくなる？

よしよしと背中をなでて落ち着かせる

よその人が来ると不安になるのねヨシヨシ
ワン ワン
ダレだ！うちに勝手に入るな

習すれば、ドアホンの音に反応しなくなります。よくやりがちな「静かにしなさい！」と大声で叱りつけるのは、犬にとって「大声援であおられている」状態。まったく意味をなしません。

そもそも侵入者に対して吠えるのは、なわばりを守ろうとしている行動なので、放し飼いをやめるのが根本解決。

犬のホンネ

ピンポーンで吠えるとイヤなことが起こるから、吠えるのやーめた

玄関マットを使って「吠えるのをやめよう」と思わせる

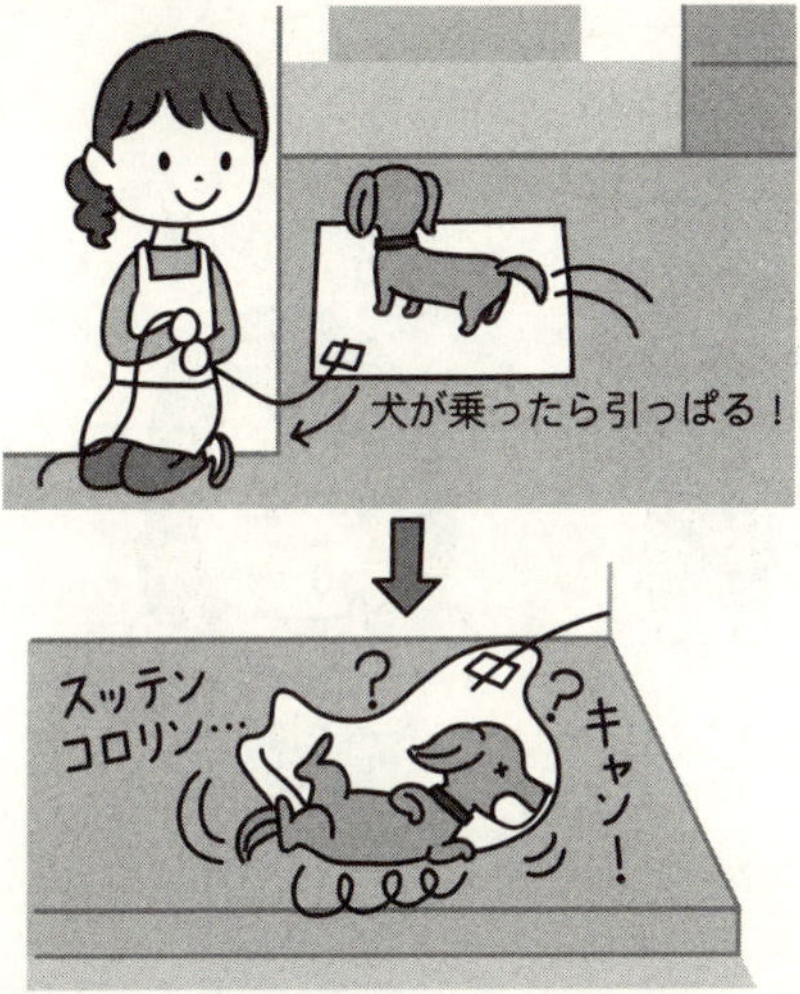
犬が乗ったら引っぱる！
スッテンコロリン…
?
?
キャン！

※室内なら問題ありませんが、アスファルトなどの硬い場所では避けてください

吠えたとき、飼い主さんが声をかけたり触ったりしてかまうと、その行動を強化してしまいます。そこで犬が自分から「やーめた」となる天罰方式をご紹介。裏返しにした玄関マットにヒモをつけておく。犬が走り出てきてマットの上にのったらヒモを引く。ただこれだけ。すってんころりんを何度か繰り返して「玄関に吠えて走って行くとイヤなことが起こる」と学

無駄吠え編②

電話やケータイの音に吠える

固定電話や携帯電話などの音が鳴ったとたん電話の相手の話し声が聞こえないぐらい吠える。さあ、困った。あなたなら、どうする？

「シー」と怒ってやめさせる

かまってもらえた
もっと吠えようっと
うるさい！
やめなさい！
ワン!ワン!
シーー！

なるでしょう。犬を見ないようにして無言で投げるのがポイント。数回くり返すと吠えなくなります。それでも効かないようならボス化している可能性大。３大しつけ（162～167ページ）でしつけし直す必要があります。

犬のホンネ

電話中は相手してくれないんだもん。
吠えたら、相手してくれたぞ

ペットボトルを使って天罰方式

※犬にぶつからないよう注意してください

飼い主さんが電話に集中しているのがおもしろくないのです。相手にすると、かまってもらえたと誤解します。「うるさい！」「やめなさい」などと声をかけると、ますます興奮するので逆効果。犬の見えないところから少し水の入ったペットボトル（カラだと飛ばないため）を投げると、「何が起きた!?」と犬は大あわて。まるで天罰を受けたかのような気持ちに

噛みグセ編① しつこい甘噛み

「かわいい……けど痛い!」 いくらダメよ! と言ってもやめない、しつこい甘噛みをやめさせるには?

背中をたたいて「メッ」と一喝《いっかつ》する

ること。これで「噛むと嫌なことが起きる」と学習します。直接、手からエサをあげたり(「ひと口食事法」)、ホールドスティルとタッチングを繰り返し行うことで、甘噛みをしなくなるでしょう。

犬のホンネ

甘噛みをかわいいと許してくれたから、
噛んでもいいんだと思ったよ

気づかれないように、耳に息を吹きかける

子犬の甘噛みは、「歯がかゆいから仕方がない」「愛情表現だ」という人がいますが、人の肌に歯を当ててもいいと学習するので、ある日、本気で噛むようになる可能性大。犬の耳は、人とは比べ物にならないほど高性能。ほんのひと吹きで犬はびっくりして「ぎょっ！」となること請け合いです。噛んでいる指なり手を離すはず。その後は、無視してその場を立ち去

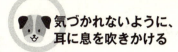

ありました。土手の上段を子ども、下段を犬に歩いてもらうことで、さらに態度ががらりと変わりました。大人がそばについて子どもが3大しつけ（162〜167ページ参照。タッチングなど）をするのも効果的。

イタズラ編① 子どものお菓子を奪う

「ワンちゃんがとった〜！」と子どもが大泣き。持っていたお菓子やおもちゃを勝手に口にくわえてとってしまう。どうしたらやらなくなる？

犬のホンネ

チビちゃんと一緒に散歩に行って、ボクはチビちゃんより上じゃないってわかったよ

子どもを先頭にして縦列リーダーウォーク

これは犬が子どもの順位を自分よりも下に見ている証拠。ベビーカーにのせた赤ちゃんをお母さんが押し、それにお兄ちゃん、お姉ちゃんと続く。列の最後をお父さんと犬が歩く。前を歩くのは上位の者なので、先頭を歩く赤ちゃんや子どもが自分よりえらいと犬は認識するようになります。以前、テレビの取材で伺った犬の例では、その縦列散歩の途中に土手が

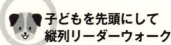

イタズラ篇②　ゴミ箱をあさる

夜、家族が寝ている間にキッチンのゴミ箱があらされていて愕然《がくぜん》……。今すぐにでもなおしたいゴミ箱あさりの悪癖！　どう対処したら、なおる？

ゴミ箱あさりを現行犯でつかまえて叱る！

て、ゴミ箱のことなど忘れるはずです。「こらあ」と現行犯でいくら叱っても効果なし。現行犯でとっつかまえても犬が反省することはありません。「怒られた」「こわかった」と思うだけです。

犬のホンネ

ゴミ箱あさりは楽しい〜。やめろって言われても理解できないよ

ゴミ箱を隔離《かくり》した上で、別のおもちゃを与える

食べ物の臭いがついているものを探索《たんさく》するのは、犬の本能。ゴミ箱に興味津々なのは当たり前です。まず、ゴミ箱をあさる状況をつくらないことが大切。犬が台所に入れないようにしたり、ゴミ箱は犬からドアの向こうにするなど隔離《かくり》。そのうえで、タオルに少しドッグフードを入れたおもちゃを与えて気をそらしましょう。大好きなドッグフードの臭いに誘われ ↗

イタズラ篇③

食卓に上ってつまみ食い

テーブルに並べたお料理。ふと気づけば、椅子の上にのって、犬のほうが先に「いただきまーす！」。「こらあ！」と反射的に叱りたくなりますが、あなたならどうしますか？

やらなくなるまで、何度でも叱る！

うとした瞬間、犬に向かって押し出します（ぶつかる直前で止めます）。「テーブルの上に乗ったら、でかいものがあらわれたぞ。やーめようっと」。この学習でもって、犬は「お行儀」を覚えるのです。

犬のホンネ

上ろうとするとびっくりすることが起こるから、もうやらないよ

「やったら罰が当たるよ！」方式で学ばせる

※犬にぶつからないよう注意してください

何度も叱ることで犬が「お行儀《ぎょうぎ》」を学ぶことはありません。盗み食いに成功したり、一度でも家族が人の食事を分けてあげると味をしめ、もらえるまでほしがるようになります。犬の要求吠えには応えないこと。あることを繰り返すと、自らやらなくなります。キャスター付きのワゴンや椅子を用意してください。それにリードをくくりつけて、犬がテーブルに乗ろ

うれション

帰宅したら、大喜びで足にまとわりついて、オシッコをジャー……。うれしさが頂点に達するともらしてしまう、この「うれション」問題。習性だから直すのは無理？

「わっ、またもらしたの」と大げさに騒ぐ

のときは犬が静かに過ごせるよう、ハウスに入れておくようにしつけるのがベストな方法です。

犬のホンネ

うれションしたとき騒がられると、
ますます興奮してチョロチョロがクセになるんだ

黙って掃除

「うれション」は、生まれたばかりのころ、母犬になめてもらって排尿をした記憶から来ているといわれ、子犬や興奮しやすい犬に多く見られます。このクセをなおすには、犬を興奮させないこと。「わっ」と大げさに騒いだり、大きな声を出して叱ったりすると、犬はますます興奮し、チョロチョロがクセになってしまいます。知らん顔してあと始末。本当は、留守番

? トイレの場所を覚えない

特に室内犬の場合、トイレトレーニングは快適に愛犬と暮らすための要です。素晴らしい嗅覚をもつ犬に対して、排便・排尿の臭いは、トイレのしつけにどう生かせばいいでしょう？

トイレシーツにオシッコの臭いを残しておく

オシッコをしてしまったら…」(40ページ)、Part2の「トイレの場所はどこにある？」(66ページ) を参照してください。

犬のホンネ

汚いところでトイレするのはイヤ。
別の場所でするよ

トイレは清潔に、が正解

犬は清潔好きな動物。自分のオシッコ、ウンチの上に用を足したがりません。逆に、「汚いから、ここではしたくないな」と思ってしまいます（ただし、ほかの犬の尿をつけておくと、そこでマーキングします）。
また、室内犬で「トイレを覚えてくれない」と嘆く家庭のほとんどは部屋で放し飼い。成功するトイレの教え方は、Part1 の「カーペットに

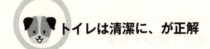

フンを食べてしまう（食糞《しょくふん》）

犬が自分でしたフンを食べてしまった。今すぐやめさせなくっちゃ！　と思うと、すわ愛情不足かストレスかと疑いますが……。

「ぎゃあ！」と大声で騒いでしまう

フンは食べてしまう前に即片づけること。このとき、話しかける必要はありません。また注目されたと思われては、元も子もありませんから。

犬のホンネ

ウンチを食べたら注目してくれた！うれしいからもっとやろうっと

叱らず、排泄後は黙ってすぐに片づけることで予防する

食糞は、犬にとっては汚いことではありません。生まれたばかりの子犬は、母犬が子犬のフンをなめとって処理します。愛情不足やストレスとは無関係。なので、フンを食べても、「ぎゃあ！」なんて大声を出さないでください。叱ったりするのはもちろん、過剰反応して大げさなリアクションをすると、注目されたと勘違いし、かえってクセになってしまいます。

お手入れをいやがる

爪を切ってあげたいけど、なかなか切らせてくれない。おとなしくブラッシングさせてくれない。シャンプー嫌いで洗おうとすると、あばれる…

いやがるから爪切りやグルーミングをやらない。プロ任せ

ー嫌いには、最初はぬるめのお湯に足を入れるなど、水に濡《ぬ》れるのになれさせることから。

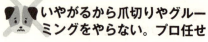

犬のホンネ

さわられるのは苦手だったけど、毎日のボディタッチで平気になったよ

タッチングで体の先端スキンシップを

もともと犬は足先や爪先、鼻先、耳の先、しっぽなど体の末端部をさわられるのが苦手。さらに犬がボス化していると、下位の者に体をさわらせまいとして威嚇《いかく》します。でも、爪切りやシャンプーのたびにペットショップなどに出かけるのは大変な出費。日頃からタッチング（166ページ）などで、少しずつ体をさわる習慣をつけておくといいでしょう。シャンプ

は２番目」と、順位をしっかり理解できれば、心穏やかに過ごせます。また先住犬に無用にたてつくこともなく、犬同士の関係もよくなるでしょう。

２匹の仲が悪い

新しい犬を迎えるとき、犬同士の仲が悪い、先住犬が問題行動を起こすようになった……などなど、何かとトラブルを起こしやすいものです。どうすれば、うまくいく？

先住犬を優先する

飼い主さんはどうしても新しくきた子犬に手をかけがちですが、それが先住犬のストレスになります。こうした多頭飼いのポイントは、飼い主さんが「順位づけ」を明確にすること。たとえば食事を出す順番、散歩にでるときリードをつける順番など、すべてに先住犬を優先すれば、新しい犬は先住犬を先輩として尊重するようになります。新しく迎えた子も「僕

犬のホンネ

リーダーはちゃんとわかってくれてるから、ヤキモチはやかないよ

巻末付録

カリスマ訓練士の特別授業

～基本の３大しつけとトレーニング～

リーダーウォーク

犬が行こうとする方向に逆らって歩くことで、「先頭を歩く飼い主さんはリーダーなんだ」と学習します。成功させるポイントは、犬を見ない・無言で行うこと。犬の世界では、上位の者（リーダー）は下位の者を注目したりしないからです。無言で行うのは、犬は興奮して思考回路が働かないから。その効果は絶大！　人が犬を見ながら歩くのではなく、犬が人を見て、人について歩くようになりますよ。

①リードは常にたるませて歩く

※リードが張っていると犬が抵抗しやすい

②犬が前に出ようとしたら……

③クルリと向きを変えて、
逆方向に

④また前へ出たら、
違う方向へ

※犬は、リーダーを見てついていけばいいんだ、と学習。飼い主さんの行動に注目し、つき従うように

ホールドスティル＆マズルコントロール

ホールドスティルは、犬をぎゅっと抱きしめて、安心して人に身をまかせられるようにする方法です。また、犬にとってマズル（口）をコントロール（自由にさわらせる）ということは「決して歯を使って威嚇《いかく》したり、噛みついたりしません」と宣言すること。「ウゥ～」とうなって興奮しているコもみるみる変身しますよ。

【ホールドスティル】

①犬の背後から、犬を股の間に挟《はさ》む

※しっかり抱きしめるために、両膝を床について姿勢を安定させ、挟み込むように犬を座らせる

ギュッとうしろから
抱きしめられた
そうか！この人！！
リーダーなんだ

②背中から抱きよせる

※あばれたら、犬の背中を自分（人）の胸にしっかり密着させる

【マズルコントロール】

①ホールドスティルの体勢から、一方の手で犬の口を下から持つ。もう一方の手は犬の胸元に。

※犬が抵抗したら、下あごをがっちり押さえ、人の体に引きつけてロック

そこさわられるのニガテ
でもリーダーなら安心する〜

②そのまま口をもって、左右・上下へと自由に動かす

※抵抗されても途中でやめないで。「そうか、あばれたらやめてもらえるんだ」と学習してしまう

タッチング

体のどこをさわられても平気にするしつけ。犬にとって、あお向けになっておなかを見せる行為は、相手に絶大な信頼を寄せていなければできないこと。「楽しいふれあいタイム」として日頃からタッチングしておけば、飼い主さんとの絆も深まりますし、ブラッシングや爪切りなどのお手入れもラク、獣医さんに診てもらうときも安心です。

①犬を横向きに

②先端部（耳、口、手足の先、尻尾など）にさわる

③あお向けにして繰り返す

弱点である体端部分を
さわることによって
どこをさわっても
いやがらないようにする
あたま
しっぽ
マズル
前足
おなか
後足

これでつめ切りや
ブラッシングも
できるね
はじめはエサを
使ってもOK
そけい部
呈示《ていじ》
どこをさわられてもヘイキ
楽しくてキモチイイ～

スワレ・フセ・マテ・コイ

ごほうびを使って条件付けをする〝オペラント技法〟と呼ばれるトレーニング法です。犬に強制するのではなく、「どうすれば、ごほうびをもらえる?」と犬自身が考えて自発的に行動。ちょっとしたコツで犬は喜んで覚えますよ。

※エサは犬の後頭部にもっていくのが自分からすわるコツ。おしりを手で押す方法はNG

スワレ
犬の鼻先にエサをもっていき
スワレ
犬がエサを食べようとしてしゃがんだら、エサを与え「スワレ」という

フセ
フセ
エサをもった手をさげながら犬の姿勢を低くしていく
足の下やベンチをくぐらせても OK

※エサをもった手はまっすぐ下に下ろす。前寄りに下ろすと伏せずに歩いてしまう

※犬が動く前に、戻ってエサをあげる。待ってさえいれば、自動的にエサがもらえると犬に思わせるのがコツ

マテ

コイ

本書は書き下ろしです。

青春文庫

ひと目《め》でわかる!
賢《かしこ》い犬《いぬ》の育《そだ》て方《かた》
困《こま》った犬《いぬ》の育《そだ》て方《かた》

2015年2月20日　第1刷

著　者　藤《ふじ》井《い》　聰《さとし》
発行者　小澤源太郎
責任編集　株式会社プライム涌光
発行所　株式会社青春出版社
〒162-0056　東京都新宿区若松町 12-1
電話 03-3203-2850(編集部)
03-3207-1916(営業部)
振替番号　00190-7-98602
印刷／大日本印刷
製本／ナショナル製本
ISBN 978-4-413-09615-7

日本史は「線」でつなぐと面白い！

2時間でスッキリ！
記紀の時代から源平、戦国、明治維新…
知らなかった〝歴史のツボ〟が見えてくる！

童門冬二

(SE-612)

心がどんどん明るくなる！
お釈迦さまの言葉

なんだ、こう考えればよかったのか。
シンプルなのに毎日がガラリと好転する
「生き方の処方箋」

宝彩有菜

(SE-613)

昭和史の現場

東京をめぐる新たなる謎の発見

首相官邸、東京駅、日比谷公園…
謎の痕跡からたどる、
スリリングな歴史探索の旅。

太田尚樹

(SE-614)

ひと目でわかる！
賢い犬の育て方
困った犬の育て方

ワンコから信頼されるようになるのはどっち？
カリスマ訓練士が、犬の習慣や学習能力に
合った○と×の育て方をイラストで解説。

藤井　聡

(SE-615)

大好評! 藤井 聡の 犬のしつけ シリーズ

カリスマ訓練士が教える

イヌがどんどん 飼い主を 好きになる本

しっぽを振るのは喜んでいるから——
そう思ってませんか

ISBN978-4-413-09470-2　629円

愛犬の「困った!」を カンタンに解決する 裏ワザ77

しつけ、お手入れ、健康管理…
愛犬の悩みをテレビでおなじみの
カリスマ訓練士が解決!

ISBN978-4-413-09523-5　629円

※上記は本体価格です。(消費税が別途加算されます)
※書名コード(ISBN)は、書店へのご注文にご利用ください。書店にない場合、電話または Fax(書名・冊数・氏名・住所・電話番号を明記)でもご注文いただけます(代金引替宅急便)。商品到着時に定価+手数料(何冊でも全国一律210円)をお支払いください。
〔直販係　電話03-3203-5121　Fax03-3207-0982〕
※青春出版社のホームページでも、オンラインで書籍をお買い求めいただけます。
ぜひご利用ください。〔http://www.seishun.co.jp/〕

お願い　ページわりの関係からここでは一部の既刊本しか掲載してありません。折り込みの出版案内もご参考にご覧ください。